青少年科普问答丛书

百问百答

自然与科学

【意】埃利诺·巴索迪 著

星球地图出版社
STAR MAP PRESS
全国百佳出版社

目 录

你了解藻类植物吗？

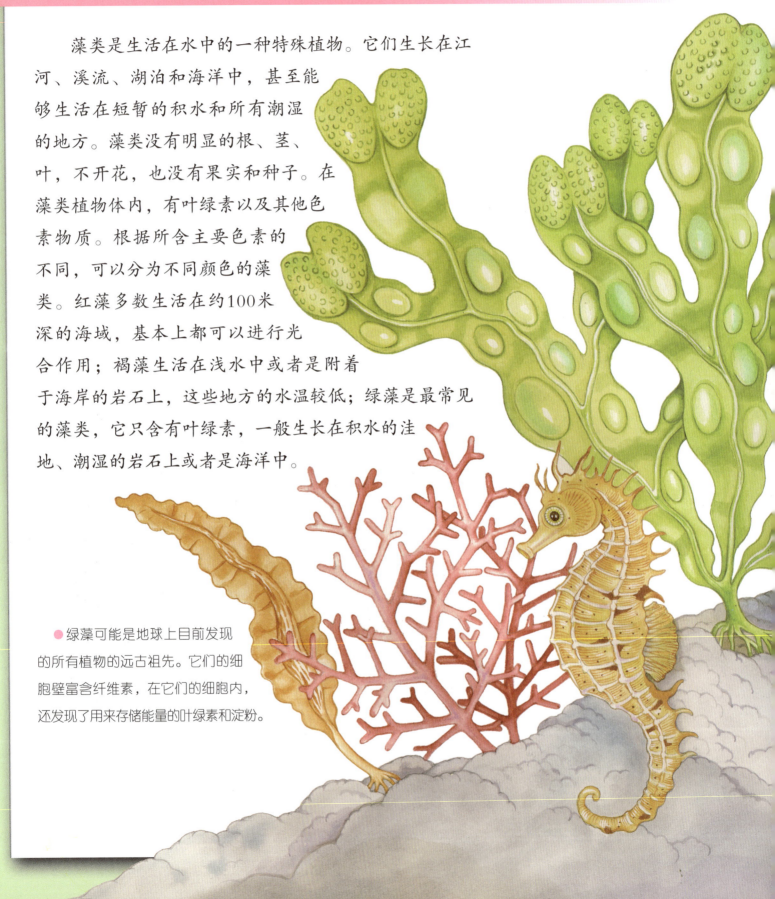

　　藻类是生活在水中的一种特殊植物。它们生长在江河、溪流、湖泊和海洋中，甚至能够生活在短暂的积水和所有潮湿的地方。藻类没有明显的根、茎、叶，不开花，也没有果实和种子。在藻类植物体内，有叶绿素以及其他色素物质。根据所含主要色素的不同，可以分为不同颜色的藻类。红藻多数生活在约100米深的海域，基本上都可以进行光合作用；褐藻生活在浅水中或者是附着于海岸的岩石上，这些地方的水温较低；绿藻是最常见的藻类，它只含有叶绿素，一般生长在积水的洼地、潮湿的岩石上或者是海洋中。

●绿藻可能是地球上目前发现的所有植物的远古祖先。它们的细胞壁富含纤维素，在它们的细胞内，还发现了用来存储能量的叶绿素和淀粉。

2

● 藻类是最为古老的植物生命形式。有些藻类的结构非常简单，仅由单细胞组成。

藻类植物是如何进行繁殖的?

藻类植物的繁殖方式有许多种。有些藻类可以直接一分为二，断成数段，每段再各自成长为独立的个体；还有些藻类通过无性繁殖产生孢子来繁育下一代；在某些情况下，有些藻类可产生雌、雄配子，交配后长成新的个体。

3

你了解蕨类植物吗?

经过长年进化，蕨类植物含有了木质素细胞壁。这种物质可以增强并且加固蕨类植物的茎秆，而坚固的茎秆又对其起到了良好的支撑作用。

4

最原始的植物是如何生长的?

最原始的植物成功脱离水域开始在陆地上生长，这一进化过程与蕨类植物相似。为了能够长得更高更茂盛，它们需要根。根紧紧地扎在地下，茎秆内部分布有水循环渠道，叶子则富含叶绿素，可以完成光合作用。

蕨类植物是如何进行繁殖的？

● 叶子背面长有含有孢子的植物袋。

● 在繁殖期间，含有孢子的植物袋会膨胀。

● 孢子囊会打开，并且释放孢子。

● 风会将孢子吹散到各个角落。

蕨类植物的繁殖是通过一种循环过程完成的，这种循环过程离不开水。在适合繁殖的季节，含有孢子的植物袋悄悄打开，任由风将孢子吹散到各个角落。这些孢子遇到合适的土壤时便会生长发育，形成一种薄片，这种薄片叫做原叶体。在原叶体上会进一步长出细丝状组织，其中含有雌性和雄性的配子。环境中存在的水滴有助于两种生殖细胞相遇。受精卵会孕育新的蕨类植物，原叶体向植物导管中供给营养成分，一旦新植物可以自给自足时，原叶体就会枯萎。

● 植物发育出带有配子的原叶体。

● 雄配子体长有一根鞭毛。

● 新的受精卵开始生长发育，长出植物的根和茎。

● 雄配子体与雌配子体相遇。

5

菌类植物是怎样获得营养物质的?

　　菌类植物是一种有机体,必须从外界找到自身所需的营养物质,再以不同的方式吸收营养成分。菌类可以分为"寄生类"菌类植物、"腐生类"菌类植物和"共生类"菌类植物。"寄生类"菌类植物通过其他生物生存,可对寄主造成损害;"腐生类"菌类植物则非常"残酷",它们分解植物残骸以及动物的遗体,从而获得营养成分;"共生类"菌类植物与其他的生物组织进行合作,共同创造生活的环境。

菌类植物有哪些组成部分?

　　菌类植物的王国包括各种各样的生物组织。其中,最著名的是那些被称为蘑菇的菌类植物。这种菌类植物的菌体由一种细丝状的组织组成,称为菌丝,菌丝形成菌丝体。当菌丝体发育成熟时,就会产生子实体,子实体就是露出地面的部分,也就是我们看到的菌类植物。它由一根小柱子和一个大帽盖组成,在帽盖的下面,可见无数的刀槽花纹,孢子就在那里形成。

菌类植物是植物吗?

现代生物学认为，菌类植物不属于植物界。理由是，菌类植物的细胞缺乏叶绿素和叶绿体，无法进行光合作用，必须从外界获得自身所需的营养物质。

菌类植物是如何进行繁殖的?

菌类植物的繁殖可以通过有性配子进行，也可以通过无性配子进行。在无性配子繁殖的过程中，菌类植物会产生孢子，并在成熟后飘落到地面上。一旦这些孢子遇到合适的条件，就会形成新的菌丝，并由新的菌丝生成新的子实体。丰满的菌丝相互接触时，便发生有性繁殖。它们的结合产生有性孢子，有性孢子可以产生新的菌类植物的菌丝。

7

植物的根有什么作用？

　　植物的根是植物中看不见的部分，因为，在一般情况下，根都是生长在土里面的。根的主要功能是将植物固定在土壤中，并且从土壤中吸收无机盐、矿物质以及水分，然后输送给叶子等器官。根的生长在整个植物的生命周期中一直存在。

植物的根有哪些组成部分？

　　植物的根包括一条主要的木质主根，从主根上又派生出很多侧根。在每条根的端部，有一个冠状结构，称为根冠，在地下起到保护根部的作用。根冠上方是根的生长点，是根继续生长、延伸的部分。沿着植物的根体，分布有根毛。这种细丝状的根毛非常纤细，增大了根与土壤的接触面积，起到了从土壤中吸收水和无机盐的作用。

　● 根部整体上是一簇长丝状的结构，在此基础上发育出植物的茎和枝叶。

常春藤和槲寄生的根都是不定根。这些细丝状的不定根沿着整个植物的茎生长，帮助植物固定，并且提供植物生长所需要的营养成分。

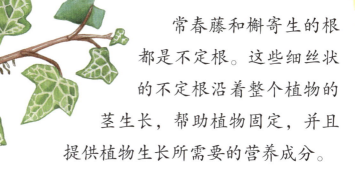

植物的根都是一样的吗？

有些植物根部的主根会膨胀，成为营养成分的储备库。这种根是可食用的，能够为人类提供有价值的营养。最常见的就是胡萝卜、甜菜和萝卜。

有些植物发育有气根，可以离开地面生存。例如，具有欣赏价值的兰花。它们的根悬在空中，从环境中吸收水分，即可满足植物的生长需要。

植物的维管组织是如何运行的?

● 草本植物的秆往往非常纤细而且具有韧性，我们将其称为茎。

植物维持生命所必须的水分、无机盐和营养物质的运输在管道中进行，这些管道称为维管组织，在整个植物的躯干中都有分布。

植物叶子所产生的糖类物质会被输送到躯干的根部以及其他部分。根部则将其从土壤中所吸收的水分、无机盐以及矿物质向上输送到植物的躯干，并且通过躯干内部的管道到达叶子，为叶子进行光合作用提供必要条件。

所有植物的茎都是木质的吗?

有些植物的茎比较特别，我们无法从地面上看到它们，因为它们是完全嵌入到土壤里的。这种茎不是木质的，它们被称为块茎、球茎或者是根茎。最为常见的一种块茎是马铃薯。也就是说，我们平时食用的马铃薯其实是这种植物的块茎，它含有非常丰富的营养物质，并且有助于发育出新的胞芽。球茎与块茎非常类似，在结构上，它们由多层组成，例如洋葱。根茎是在薄层土壤下横向发育的，如生姜。

● 植物茎部的作用是支撑植物，并构成根部与叶子之间营养物质的循环通道。

怎样计算树木的年龄?

树木在生长过程中会形成年轮，由于每年气候条件和降雨量的不同，年轮的厚度及数目也不相同。

11

● 植物躯干的最外层称为皮层。

想要计算一棵树的年龄，只要数一数树木的年轮就可以了。在树木的生长过程中，每年都会形成一个年轮。但是这种计算方法，需要将树砍伐以后才可以。我们也可以使用其他不太精确的方法，而且不会损坏树木。例如，以厘米为单位测量树干的圆周长度，然后将所得数值除以2.5，即可得到树木的大致年龄。

●植物的叶柄是叶片与叶枝的连接部分。通过光合作用产生糖类等营养物质，并传递来自根部的水分和无机盐。

●叶子的边缘部分称作叶边，它的外部形状因植物的不同而不同。

叶绿素是什么东西？

在植物叶子的内部，存在一种叫做叶绿素的东西。叶绿素自身为绿色，具有捕捉太阳光能的作用。通过它叶子可以进行光合作用，为植物提供必不可少的营养成分。

波浪的高度是通过测量波浪的波峰与波谷得到的。

是什么促使了海浪运动?

波浪是风吹过水面产生的。狂风可以在海面上形成大型的波浪，由于大海很深，所以其对风的搅动反应十分强烈。到达海岸附近时，波浪的形状趋于规则，而且外形很长。当海的深度减小时，水流运动会接触到海底，使运动逐渐放缓，这种现象会使波浪的形状发生变化。波浪的速度和长度会变小，但是，高度会增加，并且形成一股冲浪。

什么是海潮?

海潮是指由于月球和太阳的引潮力作用，使地球上的海洋水体发生周期性的涨落现象。海洋每天都有两次涨潮和落潮。根据海岸类型的不同，可能有些明显，有些则不明显，会出现水面高度突然发生变化的情况。由于月亮比太阳离地球近得多，因此月亮对海潮的影响更大。在离月亮最近的位置，地球受到月球的引力最大，海平面会凸起，也就是我们看到的涨潮。与此同时，由于海水都流向这种凸起地方，其他地方的水位会下降，就是落潮。

53

哪些人生活在城市里？

工业时代发展初期，城市的建设发展非常迅速。很多人开始离开农村，来到城市寻找新的工作。

大型现代都市的发展让人眼花缭乱，有许多城市的郊区地界都已蔓延到了邻近的城镇。人们纷纷放弃农业生产，进入工厂、办公室以及服务行业寻找工作。

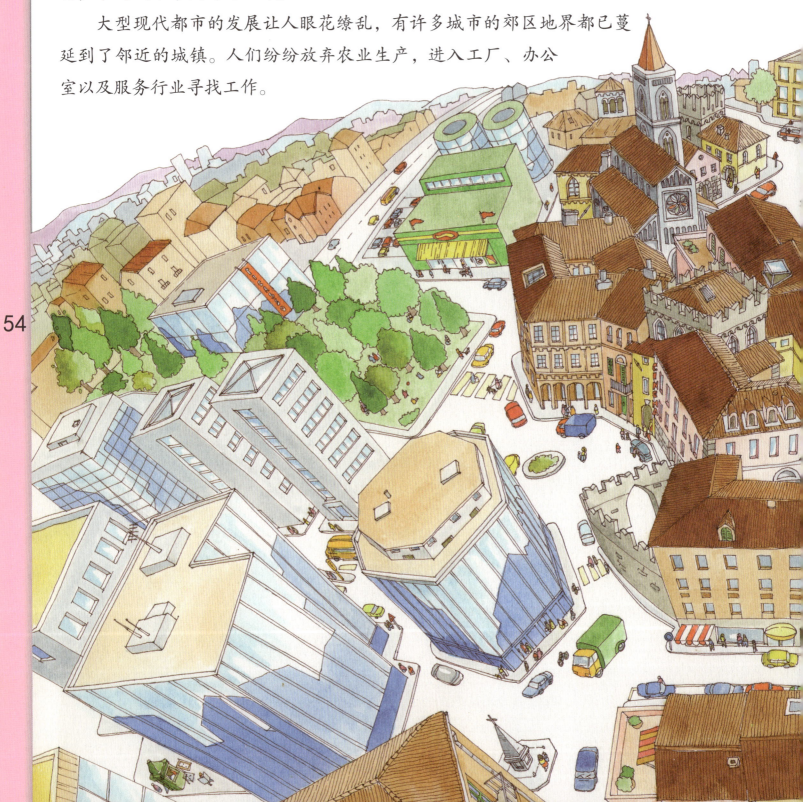

54

城市里有哪些服务？

　　服务是指帮助市民满足其需要的活动。城市往往是一些基本服务设施的集中地，例如，大型医院、法院、机场、剧场、电影院以及银行等。因此，许多人都对大城市充满向往，纷纷离开原来居住的小村落或小型城镇，来到大城市生活。

55

平原是怎样形成的？

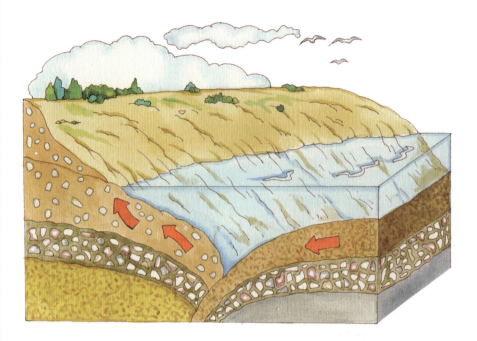

平原分布很广，其形成方式不尽相同。有些平原是由于地球内部的力量将古代海床向上推而形成的。

还有一些平原是火山喷发后形成的，其底层由熔岩和火山灰形成的沉积物组成。在这种平原的附近，总是可以找到生成它们的火山。

冲积平原是由于河流以及溪流将物质搬运到山谷口而形成的。水流流出陡峭的山谷时，流速骤然减缓，它们搬运的砾石就会沉积下来，形成一个冲积扇。经过上百万年的作用，就形成了宽广的冲积平原。

丘陵是怎样形成的?

丘陵的海拔不是很高，也很少有陡坡，其形成原因有好几种。有些丘陵是由于几百万年前，巨大的冰川消失时，遗留下的岩石和砾石堆积形成的。

构造性丘陵来源于古老的山地，这种古老的山地被大气中的化学物质侵蚀，形成脆性岩石。经过漫长的时期，这些脆性岩石又不断经历风雨的侵蚀，最后形成了构造性丘陵。

57

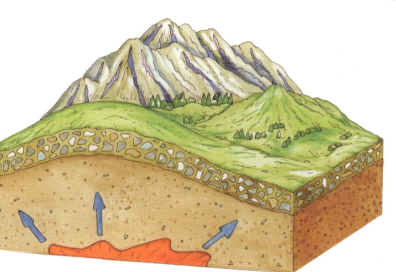

海底抬升或者是板块移动可以形成小山结构的丘陵。

火山丘陵来源于古代熄灭的火山，随着时间的缓慢推移，大自然塑造了各种类型的坡面，坡面上的沉积物又经历了漫长的风化作用，最终形成了今日的火山丘陵。

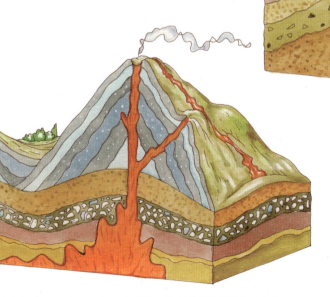

哪些动物生活在山上？

生活在山上的动物非常多。人们可以在布满繁茂树叶的树林中发现狐狸、野兔、松鼠和很多种鸟类。在更高的地方，生活着山羊、熊、旱獭。老鹰则会在最偏远的岩石间筑巢。

58

山上有哪些资源?

大山中往往蕴藏着丰富的、稀缺的自然资源,而山上的居民也往往能够有效地利用这些资源。山中为数不多的耕地一般位于山谷,在那里,人们栽种多种类型的果树。树林能够提供丰富的木材资源,而高处的牧场可用来饲养牲畜。

植被是怎样发生变化的?

随着山体高度的不同,景色会随之改变。例如,位于温带湿润地区的山脉,山脚下长满了落叶阔叶林,随着海拔升高,会出现针叶林以及耐寒的灌木。在人口密集的山区,人们可能会砍伐森林,在坡地上开辟农田。

59

山脉是怎样形成的？

地壳被分成若干部分，这些部分称为板块。各板块都在不断运动。当板块与板块相遇时，就会产生非常强大的挤压力，这种挤压力使得板块隆起抬升，从而形成山脉。

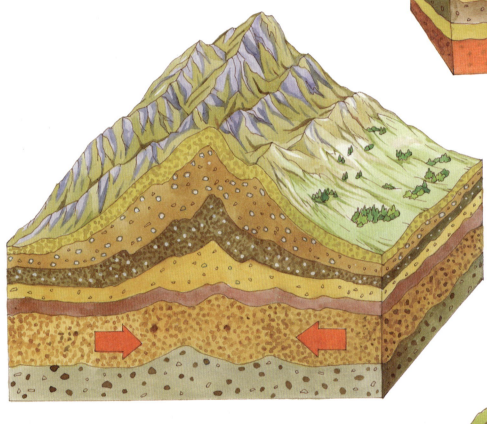

有时，一个板块会滑到另一个板块之上，上面的板块便会形成山脉，而下面的那块会被推向更深处。当它到达地幔的时候，地球内部的热量就会将其熔化，形成岩浆。岩浆会上升至表面，通过火山口喷发出来。

为什么会发生地震？

一个板块向另一个相邻板块移动时，会发生地震，表现为大地的快速震动。地壳运动不频繁时，不会发生地震，但期间板块边缘会积蓄一定的能量，这种能量会在发生地震时被急剧释放出来。

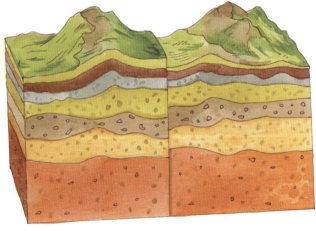

火山是怎样形成的?

当位于地球深处的岩浆在地壳中找到一个裂缝时,它就会向外倾注,也就是我们所说的火山喷发。熔岩非常炙热,而且可塑性很强。随着时间的推移,它们会冷却并且固化。喷发的物质经累积后就形成了火山。下次再发生火山喷发时,新喷发的熔岩会改变原火山的形状。

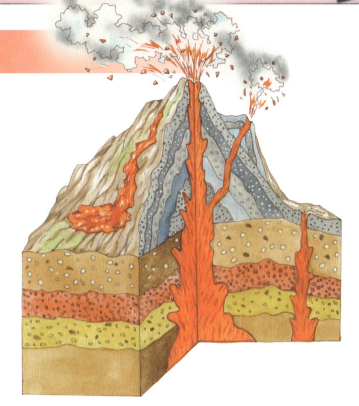

山谷是怎样形成的?

山谷是两山之间低凹、狭窄的部分。在山地区域,冰川占据了原有的山谷,经冰川长期的侵蚀,谷地中央变得平坦,两侧坡体陡峭,好像一个U字型,叫做U型谷。在河流的上游以及山区河流,由于河流的下蚀作用,使谷地深切成V字型,这样的谷地叫做V型谷。